硅谷工程师爸爸的超强数学思维课

U0383210

图解数学思维训练课

建立孩子的数学模型思维

乘法与除法应用训练课

憨爸　　胡　斌　　—— 著
　　　　叶展行

人民邮电出版社
北京

图书在版编目（CIP）数据

图解数学思维训练课：建立孩子的数学模型思维. 乘法与除法应用训练课 / 憨爸，胡斌，叶展行著. -- 北京：人民邮电出版社，2020.7
（硅谷工程师爸爸的超强数学思维课）
ISBN 978-7-115-54014-0

Ⅰ. ①图… Ⅱ. ①憨… ②胡… ③叶… Ⅲ. ①数学—儿童读物 Ⅳ. ①O1-49

中国版本图书馆CIP数据核字(2020)第081672号

内 容 提 要

图形化思维能力是数学思维中极其重要的部分。本书面向学龄前到小学阶段的孩子，详细阐述了图形化建模的原理、步骤和思维方法，由浅入深地引导孩子通过画图的方式思考并解决数学问题，形成良好的沟通和思维习惯，进而解决生活中的实际问题，为孩子初中、高中阶段的学习奠定基础。

本书首先详细讲解了"部分-整体"画图法和"比较"画图法两大方法，来解决乘法、除法相关的数学应用题。之后，以趣味性STEAM项目的形式培养孩子的实际问题解决能力。

书中的章节分为两大类，一是知识点讲解及训练，通过循序渐进的思考过程解析来培养孩子的图形化思维，并辅以大量的思维训练巩固学习效果。二是STEAM项目，引入先进的项目制学习体验，通过生动有趣的科学、工程或技术项目，训练孩子利用图形化思维来解决实际应用问题的能力。

本书还配套开发了一套视频课程，帮助孩子更好地学习。

本书由北京景山学校数学教师王宁、北京市三帆中学英语教师任雨橦参与审校，特此感谢。

♦ 著　　　　憨　爸　胡　斌　叶展行
　　责任编辑　宁　茜
　　责任印制　彭志环

♦ 人民邮电出版社出版发行　　北京市丰台区成寿寺路 11 号
　　邮编　100164　　电子邮件　315@ptpress.com.cn
　　网址　https://www.ptpress.com.cn
　　涿州市般润文化传播有限公司印刷

♦ 开本：787×1092　1/16
　　印张：6　　　　　　　　　　2020 年 7 月第 1 版
　　字数：118 千字　　　　　　2025 年 1 月河北第 12 次印刷

定价：53.00 元

读者服务热线：(010)53913866　印装质量热线：(010)81055316
反盗版热线：(010)81055315
广告经营许可证：京东市监广登字20170147号

序言

我问大家一个问题啊，你觉得数学里什么题目最难啊？

我估计绝大多数的孩子都会说是"应用题"！

的确，应用题在数学考试中分值最大，分数占比也高。更为关键的是，应用题是那种"会就是会、不会就是不会"的题目。孩子看到的就是洋洋洒洒的一大段文字描述，如果他们没办法根据文字列出正确的表达式，那这么大分值的题目很可能一分都拿不到。

那如何帮助孩子快速地解答应用题呢？

在新加坡的数学教学体系里，有一种叫作"建模"的方法，它的核心思想就是将应用题的文字用图形化的方式表示出来，然后根据图形再列出表达式，这样一来解答应用题就会变得非常容易。

我写这本书的目的，就是将新加坡数学教学中的建模法和中国的数学学习方法相结合，用画图的方式帮助孩子解决数学里的各种应用题。

这套《图解数学思维训练课：建立孩子的数学模型思维》一共分为 3 册，包括"数字与图形·加法与减法应用训练课""乘法与除法应用训练课""多步计算应用训练课"，共 11 章，从易到难，一步一步教会孩子如何利用画图的方式来解题。

第 1 步 教画图的基本概念，用方框来抽象地表示应用题中的数据。

第 2 步 教加减法的画图法，针对加法和减法相关的应用题画出模型图。

第 3 步 教乘除法的画图法，针对乘法和除法相关的应用题画出模型图。

第 4 步 教多步计算画图法，针对多步计算相关的应用题快速地画出模型图。

每章分为 3 个板块：

❶ 知识点学习：包括本章的知识点，以及例题讲解。

❷ 思维训练：每一章都配有习题，帮助孩子巩固本章学到的知识。

❸ 英语小拓展：罗列了英语应用题中的关键词，帮助孩子在做英语应用题时，迅速抓到题目的核心。

这套书还有一个很有特色的板块，叫作"STEAM 项目"。我们将美国教学体系中的项目制学习法（PBL，Project-Based Learning）引入中国，利用一个一个的小项目，训练孩子解决问题的能力，并且加强他们的数学应用能力，使他们能将自己学到的数学知识应用于实际问题中。

同时，为了帮助父母更好地引导孩子，我们给这套书配了视频课程，我会用动画的形式给孩子详细讲解每一个知识点，帮助他们更加深入地理解书中的内容。在每章标题页，都放有视频课程的二维码，同时标注与本章内容相关的视频课程名称，扫码后就能选择观看对应章节的动画视频课程内容了！

为了帮助孩子拓展练习，我们还专门制作了一本《英语应用题练习册》，里面有 40 道全英文的数学应用题，涉及加法、减法、乘法、除法以及混合运算（练习册末尾会配上每道英语应用题对应的中文题目和参考答案）。英语应用题阅读难度不高，词汇也很简单，但却非常有利于锻炼孩子的阅读理解能力。我们想通过这本练习册，一方面锻炼孩子的数学应用能力，另一方面训练孩子的英语阅读理解能力，两全其美！

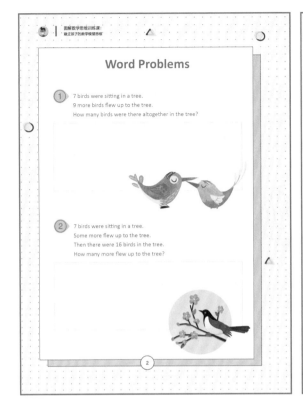

Word Problems

1. 7 birds were sitting in a tree.
   9 more birds flew up to the tree.
   How many birds were there altogether in the tree?

2. 7 birds were sitting in a tree.
   Some more flew up to the tree.
   Then there were 16 birds in the tree.
   How many more flew up to the tree?

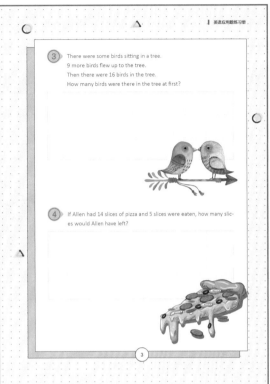

3. There were some birds sitting in a tree.
   9 more birds flew up to the tree.
   Then there were 16 birds in the tree.
   How many birds were there in the tree at first?

4. If Allen had 14 slices of pizza and 5 slices were eaten, how many slices would Allen have left?

这个练习册目前为非卖品，仅做成电子版供读者下载。你可以扫描下方二维码，关注我的微信公众号"憨爸在美国"，然后在公众号内回复"数学思维"，就能获得这个练习册电子版的下载链接了！

憨爸

目录　Contents

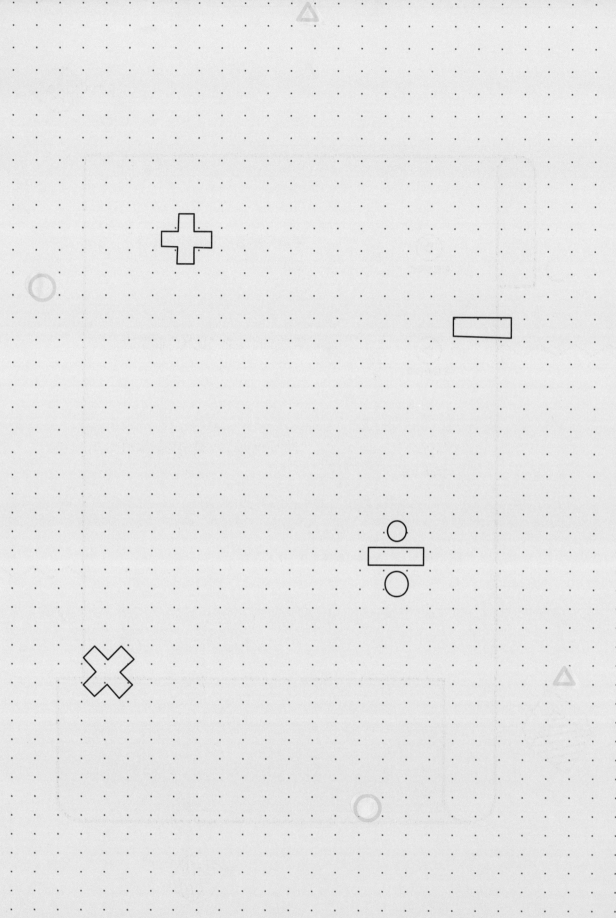

第 1 章

配视频课程

乘法与除法

之

"部分－整体"画图法

本章知识点相关视频课程：

请扫码选择本章对应的视频课程观看

▷ 第 7 节　乘法与除法之"部分－整体"画图法

知识点学习

 认识乘法

请扫码选择
第 7 节 视频课程观看

小朋友们，在《图解数学思维训练课：建立孩子的数学模型思维（数字与图形·加法与减法应用训练课）》中讲的通过画图法来求解加法和减法问题，你们都掌握了吗？

不得不说，你们真是太棒了！接下来我们来学点不一样的吧！

首先我们看看下面这道题目：

> 猪妈妈和她的 3 个猪宝宝住在一起，有一天猪妈妈对猪宝宝们说："你们都长大了，不能再跟妈妈住在一起了，你们要出去盖自己的房子。"
> 猪老大决定盖一座茅草房子，他在山上打了很多茅草，分 3 次背了回去，每次背回去 2 捆茅草。
> 问：猪老大一共背回去多少捆茅草呀？

怎么样？想出答案了吗？我相信聪明的你们一秒钟就能报出答案来。

但是先别急哦，我们还是一步一步地来解这道题，用之前学过的方法，先来画图。

题目中猪老大分 3 次背茅草，每次背回去 2 捆茅草，那我们就用 3 个方框来代表 3 次，每个方框代表 2 捆茅草。画出来的图就是下面这个样子：

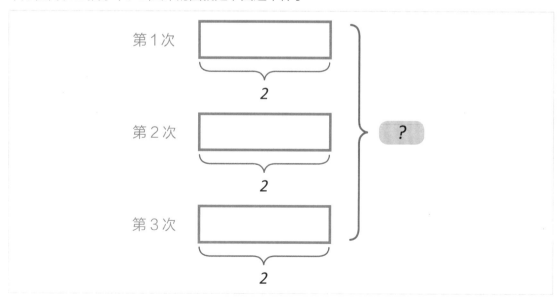

这样，我们很容易就能列出算式：

$$2 + 2 + 2 = 6（捆）$$

其实就是 3 个 2 相加，如果用乘法来表示就是：

$$2 × 3 = 6（捆）$$

答：猪老大一共背回去 6 捆茅草。

这就是乘法的由来，几个相同的数字相加，我们就可以用乘法来计算。

 ## "部分 – 整体" 画图方法

就像加减法一样，乘法同样可以用 "部分 – 整体" 的画图方法来表示，上面这道题目，我们还可以这样来画图：

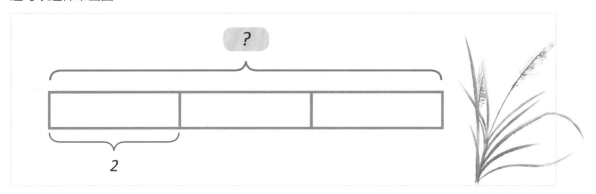

所有的茅草被分成了 3 次背回去，每次背回去的茅草是一样的，都是 2 捆。每一次背的茅草就相当于所有茅草的一 "部分"。

所以每次 2 捆茅草与所有茅草也是 "部分" 与 "整体" 的关系。

对于上面的题目，你能找出已知量和未知量吗？

想一想吧！

对了，答案是下面这样！

☑ 已知量：每次 2 捆，一共 3 次

☑ 未知量：总的茅草数量

这样我们就能列出算式：

$$2 \times 3 = 6 \,(捆)$$

答：猪老大一共背回去 6 捆茅草。

③ 其他两种题目变形

前面的题目看起来很简单，其实也有一些解题的小技巧在里面。因为这类题目有 3 种不同的变形方式。

分别是：

① 总的茅草数量 = 每次背的数量 × 次数

② 每次背的数量 = 总的茅草数量 ÷ 次数

③ 次数 = 总的茅草数量 ÷ 每次背的数量

是不是有点绕啊？别急，我们来慢慢分析！

我们前面讲过的是第 1 种变形方式：知道每次背的数量和次数，算出总的茅草数量。

- -

① 我们再来看第 2 种变形，题目是这样的：

> 猪老大打了 6 捆茅草，它要把茅草平均分成 3 次背回去。请问猪老大每次要背回去多少捆呢？

我们可以这样来画图：

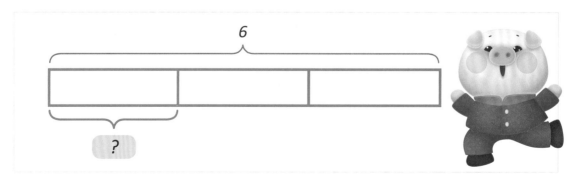

注意看，这里面有一个小变化，就是已经知道茅草的总数和总共背了多少次，问每一次背多少捆茅草？

这里就变成了一道除法题，但是画图方法还是类似的。

已知量：茅草总数 6 捆，平均分成
了 3 次背回去

未知量：每次背的茅草数量

算式就变成了：

$$6 \div 3 = 2（捆）$$

答：猪老大每次要背回去 2 捆茅草。

---

② 下面我们再来看第 3 种变形，题目是这样的：

猪老大打了 6 捆茅草，它每次要背 2 捆回去。
请问它要背多少次呢？

我们可以这样来画图：

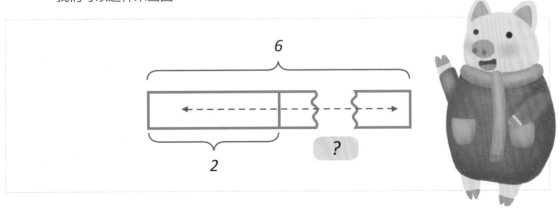

这里又有一点变化，已经知道茅草总数和每次背的数量，问一共要背多少次。

这就变成了另一道除法题，但画图方法还是类似的。

这里需要注意的是：因为我们不知道猪老大要背多少次，所以在画图的时候，就没法知道需要画多少个方框。因此我们用1个撕开了口子的方框来表示，然后在中间画上虚线连接的双箭头，表示这是1个未知数！

就像这样：

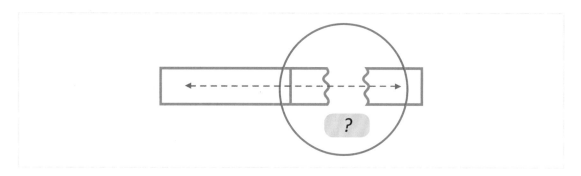

你们以后在画图的时候也可以这样来画哦！

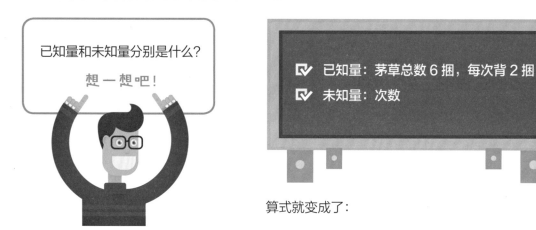

已知量和未知量分别是什么？

想 一 想 吧 !

☑ 已知量：茅草总数 6 捆，每次背 2 捆

☑ 未知量：次数

算式就变成了：

$$6 \div 2 = 3（次）$$

答：猪老大要背 3 次。

所以，同样类型的模型图，可以有 3 种不同的出题方式，能列出 3 种不同的算式，但它们的解题思路都是类似的。因此，不管题目怎么变，它们的本质都是一样的！

更大的数字如何画图

　　上面讲的数字都是 10 以内的数字，用画图的方法非常容易表示。如果数字更大一点该怎么办呢？难道我们还得一个方框一个方框地画出来吗？

　　让我们看看下面这道题吧！

> 猪老二决定盖一座木头房子，它花了 9 天时间到森林里去砍树，每天砍 5 棵树。
> 问：猪老二一共砍了多少棵树呀？

　　我们可以用之前的方法，画出 9 个方框，每个方框代表 5 棵树。

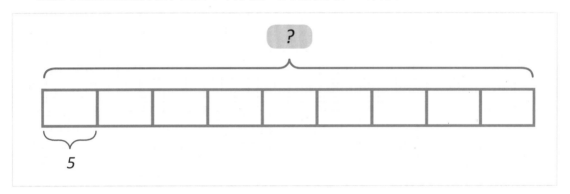

　　可是你觉得这是好方法吗？会不会觉得画 9 个方框太累了？

　　对的，如果我们真的画出 9 个方框，会很浪费时间，而且纸也不一定够画。**还记得我们前面说的方法吗？用一个撕开了口子的方框表示很多数字，中间画上虚线连接的双箭头，然后中间写上数字 9 就可以啦！**

　　我们可以这样来画图：

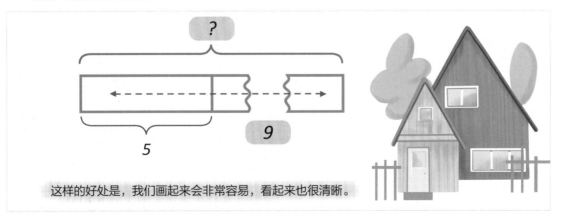

这样的好处是，我们画起来会非常容易，看起来也很清晰。

同样的，如果题目是 20 天、50 天、甚至 100 天，都可以用这种方法来画图哦！

已知量和未知量分别是什么？

想一想吧！

☑ 已知量：9 天时间，每天砍 5 棵树

☑ 未知量：一共砍了多少棵树

算式就变成了：

$$5 \times 9 = 45（棵）$$

答：猪老二一共砍了 45 棵树。

 两步计算题

前面我们讲的都是比较简单的乘法和除法问题，先画图，再列一个算式就能解决。但是在现实生活中，有些情况下会出现一步解决不了的问题。比如像这种情况：

猪老三决定盖一座砖头房子，但是他得先花一些时间来制造砖头。

猪老三每天可以造 7 层砖头，其中 6 层中每层有 4 块砖头，另外还有一层只有 2 块砖头，

问：猪老三每天可以造多少块砖头呀？

你觉得这道题该怎么做? 我们还是先来画图:

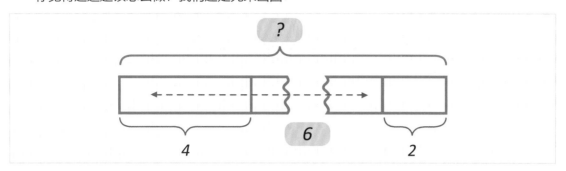

这张图就分成了两部分: 一部分是前面的 6 个方框,代表 6 层砖头,1 个方框代表每层 4 块砖头;另一部分是最右边的一个小方框,代表最后一层的 2 块砖头。

如果只列一个算式能做得出来吗?

答案是不能。

对的,这个时候就需要分两步来计算了!

---

① 算出来 6 层砖头,每层 4 块,一共有多少块砖头。

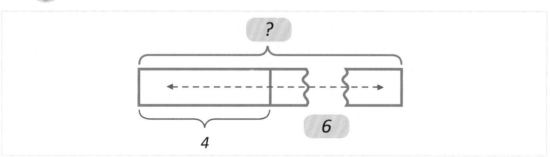

列出算式: $4 \times 6 = 24$ (块)

---

② 还要算上最后一层的 2 块砖头。

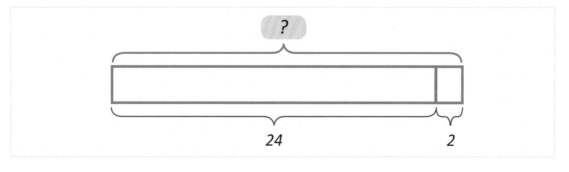

再列出算式：

$$24 + 2 = 26（块）$$

答：猪老三每天可以造 26 块砖头。

这就是两步计算题。很多时候，我们碰到的题目可能不会那么简单，往往需要两步、三步甚至更多的步骤才能解出答案。

所以，小朋友们，你们一定要多动动脑筋，还要保持耐心哟！

思维训练

1. 小星过生日的时候，邀请了 6 位好朋友来家里玩。小星想要为每位小朋友（包括他自己）准备 4 块巧克力，请问小星需要买多少块巧克力？

① 为这道题写出已知量和未知量：

☑ 已知量：

☑ 未知量：

② 使用 "部分 – 整体" 方法为这道题画图：

③ 根据图列出算式：

 答：

小星需要买 _____ 块巧克力。

2. 小星过生日的时候，邀请了几位小朋友来家里聚会，他一共准备了28块巧克力，小星自己一块不留，全部平均分给来家里玩的小朋友，恰好每个小朋友可以分得4块，请问小星邀请了多少位小朋友？

① 为这道题写出已知量和未知量：

☑ 已知量：

☑ 未知量：

② 使用"部分－整体"方法为这道题画图：

③ 根据图列出算式：

答：

小星邀请了 _____ 位小朋友。

3. 小星过生日的时候，邀请了 7 位小朋友来家里聚会，他一共买了 28 块巧克力，准备自己一块不留，全部平均分给每位小朋友，请问每位小朋友能分到多少块巧克力？

① 为这道题写出已知量和未知量：

☑ 已知量：

☑ 未知量：

② 使用"部分 – 整体"方法为这道题画图：

③ 根据图列出算式：

 答：

每位小朋友能分到 ＿＿＿＿ 块巧克力。

☆ 4. 仔细观察下面的图：

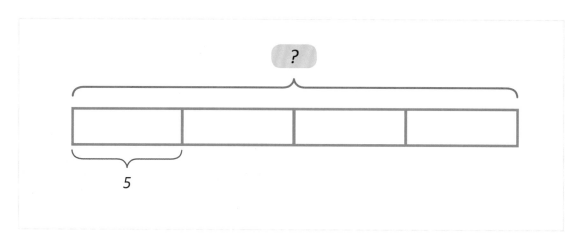

① 请设计一道应用题，写在下面的方框内，也可以讲给爸爸妈妈听，看看他们能做出来吗？

② 为这道题写出已知量和未知量：

☑ 已知量：

☑ 未知量：

③ 根据图列出算式：

 答：

_____

☆ 5. 仔细观察下面的图:

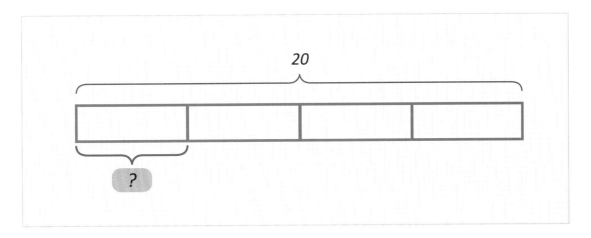

① 请设计一道应用题, 写在下面的方框内, 也可以讲给爸爸妈妈听, 看看他们能做出来吗?

② 为这道题写出已知量和未知量:

☑ 已知量:

☑ 未知量:

③ 根据图列出算式:

　答:

☆ 6. 仔细观察下面的图：

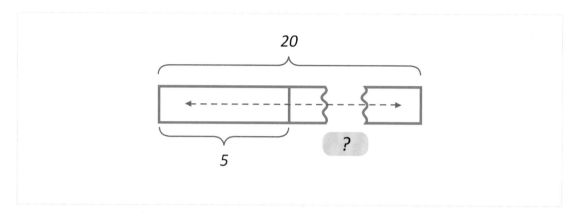

① 请设计一道应用题，写在下面的方框内，也可以讲给爸爸妈妈听，看看他们能做出来吗？

② 为这道题写出已知量和未知量：

☑ 已知量：

☑ 未知量：

③ 根据图列出算式：

 答：

7. 小舟去超市买牛奶，每瓶牛奶 8 元，小舟一共买了 5 瓶，请问小舟一共花了多少元钱？请用 "部分 – 整体" 画图方法解答。

8. 小舟带了 40 元钱去超市买牛奶，每瓶牛奶 8 元，小舟一共可以买多少瓶？请用 "部分 – 整体" 画图方法解答。

9. 小舟花了 40 元钱，一共买了 5 瓶一样的牛奶，请问每瓶牛奶的价格是多少？请用"部分－整体"画图方法解答。

10. 果园里面种了 9 行苹果树，每一行有 8 棵。请问一共有多少棵苹果树？请用"部分－整体"画图方法解答。

11. 果园里面种了 56 棵苹果树，每一行有 8 棵。请问一共有多少行？
请用 "部分 − 整体" 画图方法解答。

12. 今天超市卖了 6 整箱苏打水，每箱 10 瓶，另外，又单独卖了 7 瓶，
请问今天一共卖了多少瓶苏打水？请用 "部分 − 整体" 画图方法解答。

13. 超市有 7 箱苏打水，每箱10 瓶，今天卖出去了 67 瓶，还剩下多少瓶？请用"部分－整体"画图方法解答。

14. 超市有 7 箱苏打水，每箱10 瓶，一位顾客想买 80 瓶，请问超市里的苏打水够不够呢？请用"部分－整体"画图方法解答。

☆ 15. 小松想把他的玩具车全部装进 4 个盒子里，每个盒子装 6 辆，但最后他发现玩具车多出来 4 辆，请问小松有多少辆玩具车？请用"部分－整体"画图方法解答。

☆ 16. 小松想把他的玩具车全部装进 5 个盒子里，每个盒子装 6 辆，但最后他发现玩具车并没有装满 5 个盒子，还差 4 辆，请问小松有多少辆玩具车？请用"部分－整体"画图方法解答。

17. 工厂里生产了一批铅笔，每 6 支装在一个袋子里，每 8 袋装在 1 个箱子里，一共装满了 5 个箱子，请问一共生产了多少支铅笔？请用"部分 - 整体"画图方法解答。

☆ 18. 超市里一共有 30 个苹果，如果必须将每 4 个苹果打包成 1 盒，请问最多可以打包成多少盒？请用"部分 - 整体"画图方法解答。

☆ 19. 班上有 19 名学生从学校出发去电影院看电影，他们需要搭乘小汽车前往，每辆小汽车可以搭载 3 名同学，请问一共需要多少辆小汽车？请用"部分－整体"画图方法解答。

☆ 20. 同学们从学校出发去电影院看电影，他们需要搭乘小汽车前往，每辆小汽车可以搭载 3 名同学，一共来了有 8 辆小汽车，最后发现还有 2 名同学没有坐上汽车。请问一共有多少名同学去看电影？请用"部分－整体"画图方法解答。

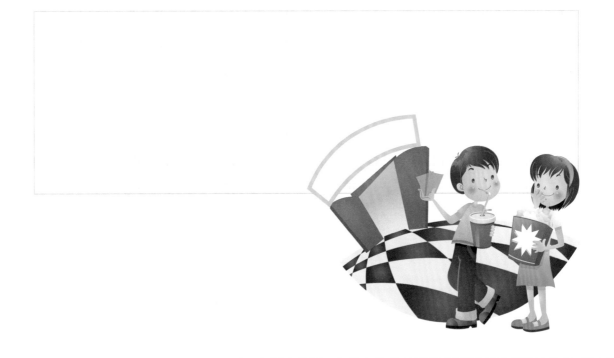

英语小拓展

对于乘法和除法应用题来说，抓住题目中的关键字非常重要，只有找准了关键字，才能正确画图。

这里有一份关于"部分－整体"画图方法关键词的中英文对照表。

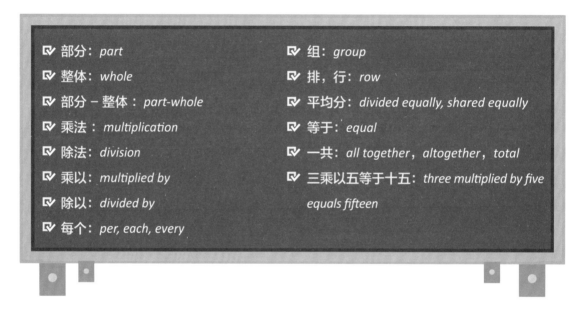

☑ 部分：*part*

☑ 整体：*whole*

☑ 部分－整体：*part-whole*

☑ 乘法：*multiplication*

☑ 除法：*division*

☑ 乘以：*multiplied by*

☑ 除以：*divided by*

☑ 每个：*per, each, every*

☑ 组：*group*

☑ 排，行：*row*

☑ 平均分：*divided equally, shared equally*

☑ 等于：*equal*

☑ 一共：*all together，altogether，total*

☑ 三乘以五等于十五：*three multiplied by five equals fifteen*

Please solve the following word problems.

Word Problem 1：

A toy warehouse has 9 packs of cars, each with 7 cars. How many cars are there altogether?

Word Problem 2：

48 pieces of apple are shared equally among 8 children. How many pieces of apple does each receive?

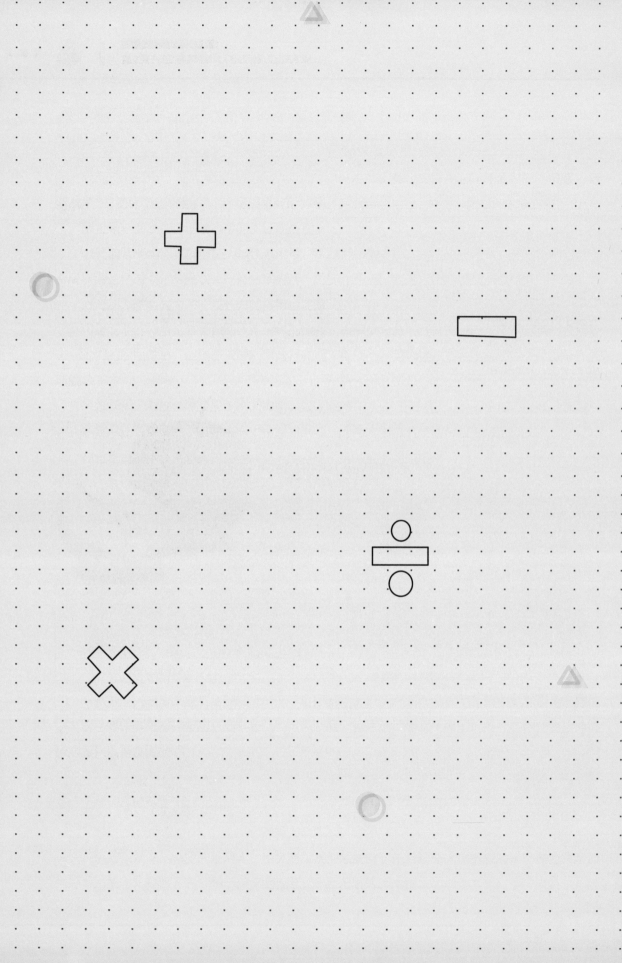

第 2 章

配视频课程

乘法与除法

之

"比较"画图法

本章知识点相关视频课程：

请扫码选择本章对
应的视频课程观看

知识点学习

"比较"画图法

请扫码选择
第 8 节视频课程观看

让我们回忆一下，在《图解数学思维训练课：建立孩子的数学模型思维（数字与图形·加法与减法应用训练课）》中学习加减法的时候，我们学习了几种类型的画图方法呢？

对了，一共有两种。一种是"部分 – 整体"画图法，它针对的是那种一个整体包含了几个部分的场景，是一种包含关系。

还有一种是"比较"画图法，讲的是一种比较关系，比如对物体的多少、大小、高低、快慢等进行比较。

上面两种画图法是相对于加减法来说的，那么对于乘除法而言，又会存在几种画图方法呢？

其实乘除法和加减法一样，也有两种画图法，一种是上一章我们讲过的"部分 – 整体"画图方法，另外一种是"比较"画图方法，这一章我们就来学习"比较"画图这个方法。

让我们先来看下面这道题吧！

> 小红帽在去外婆家的路上，看到了一片美丽的花园。
> 她想采点花送给外婆。于是小红帽弯下腰，摘了一些牡丹花和杜鹃花。
> 她采了 3 朵牡丹花，而她采的杜鹃花的数量是牡丹花的 4 倍。
> 你知道小红帽采了多少朵杜鹃花吗？

我们可以用"比较"方法来画图：

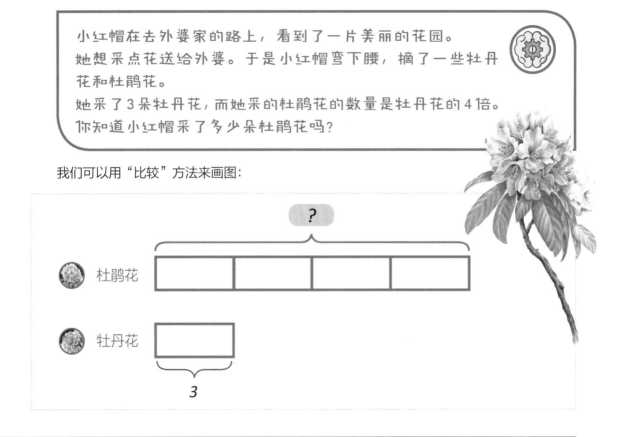

在这张图里，第一行方框代表的是杜鹃花的数量，第二行方框代表的是牡丹花的数量。牡丹花的数量用 1 个方框表示，而杜鹃花的数量是牡丹花的 4 倍，所以我们就用了 4 个方框表示，这样就很方便 "比较" 啦！

图已经画好了，那么在这张图里，你能找到已知量和未知量吗？

对了，我们可以根据图形，写出已知量和未知量。

☑ 已知量：牡丹花 3 朵，杜鹃花是牡丹花的 4 倍

☑ 未知量：杜鹃花的数量

既然这里用到了倍数，我们自然需要用乘法啦！

列出算式：

$$3 \times 4 = 12（朵）$$

答：小红帽采了 12 朵杜鹃花。

② 其他两种题目变形

上面这个例子是不是很简单？但可别小看了它，其实它能变形，而且一共有 3 种不同的变形方式。

分别是：

❶　杜鹃花 = 牡丹花 × 倍数

❷　牡丹花 = 杜鹃花 ÷ 倍数

❸　倍数 = 杜鹃花 ÷ 牡丹花

我们刚刚讲过的是第 1 种变形方式，下面接着讲另外两种变形方式。

我们先来看第 2 种方式，题目是这样的：

> 小红帽采了 12 朵杜鹃花，杜鹃花的数量是牡丹花的 4 倍，请问小红帽采了多少朵牡丹花呢？

我们可以这样来画图：

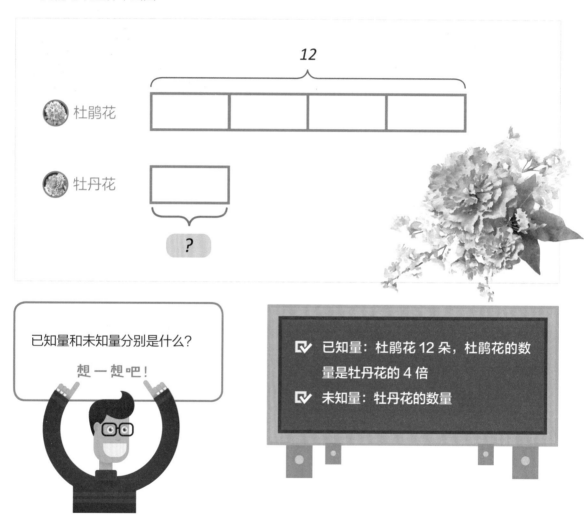

已知量和未知量分别是什么？

想 一 想 吧！

☑ 已知量：杜鹃花 12 朵，杜鹃花的数量是牡丹花的 4 倍

☑ 未知量：牡丹花的数量

这里知道了杜鹃花的数量，以及杜鹃花的数量相对于牡丹花数量的倍数，问牡丹花的数量。

在上面的图中，牡丹花的数量是用 1 个方框来表示的，所以我们只要算出 1 个方框代表多少朵花就可以啦！

我们可以看到，杜鹃花的数量是用 4 个方框表示的，数量是 12 朵。

所以，计算一个方框的数量问题就变成了一道除法题，算式是这样的：

$$12 \div 4 = 3（朵）$$

因此，一个方框代表着 3 朵花，也就是说牡丹花有 3 朵。

答：小红帽采了 3 朵牡丹花。

 接下来，我们来看第 3 种变形方式，题目是这样的：

小红帽采了 3 朵牡丹花和 12 朵杜鹃花，请问杜鹃花的数量
是牡丹花数量的多少倍呢？

我们可以这样来画图：

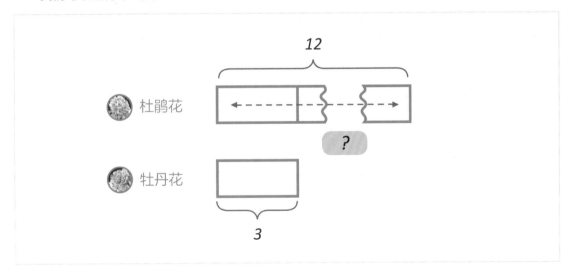

在上面的图里，我们只知道杜鹃花有 12 朵，但不知道是牡丹花的几倍，因此还是像上一章
我们讲的那样，用一个撕开口子的方框加上虚线连接的双箭头和一个问号来表示。

已知量和未知量分别是什么？

想 一 想 吧！

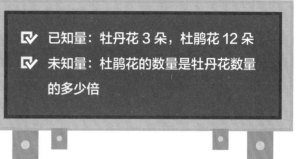

☑ 已知量：牡丹花 3 朵，杜鹃花 12 朵
☑ 未知量：杜鹃花的数量是牡丹花数量的多少倍

看上面的图形，计算倍数问题其实就是计算杜鹃花有多少个方框的问题，这也是一道除法题，算式是这样的：

$$12 \div 3 = 4$$

答：杜鹃花的数量是牡丹花数量的 4 倍。

3 挑战一下

请扫码选择
第 9 节 视频课程观看

小红帽又继续往前走，不多久她走到了一片草地，那里长了很多兰花和菊花。
于是她采了 4 朵兰花，而她采的菊花的数量是兰花的 5 倍。
你知道小红帽采的菊花比兰花**多**了多少朵吗？

这道题还能像以前一样，只需要一步就能算出答案吗？

好像不可以哟！这道题需要两步才能算出答案。

① 列出算式算出菊花的数量：

$$4 \times 5 = 20（朵）$$

② 列出算式算出菊花比兰花多了多少朵：

$$20 - 4 = 16（朵）$$

上面的方法你们看明白了吗？其实啊，还有一种更简单的方法——画图！用画图的方法来解答会更简单，不信你们看！

首先画一张图：

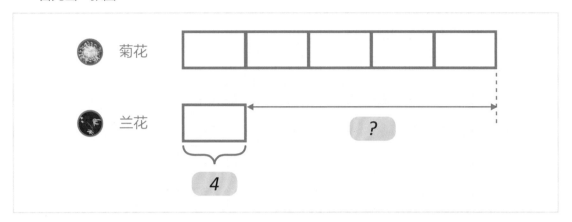

已知量和未知量分别是什么？

想一想吧！

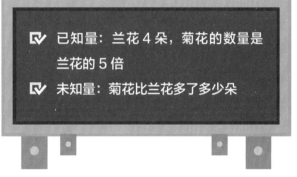

☑ 已知量：兰花 4 朵，菊花的数量是兰花的 5 倍

☑ 未知量：菊花比兰花多了多少朵

这里有一个关键的地方需要注意啦，题目的问题是

"多了多少朵"！

仔细看下面的图形，想一想，其实我们要计算的多出来的部分，是不是就是下面图中标出来的橙色阴影部分呢？

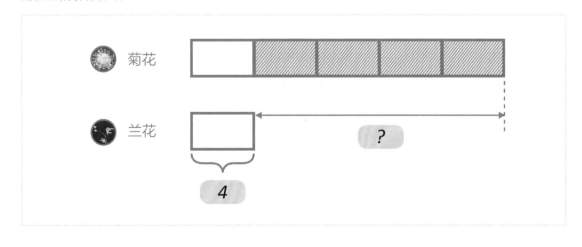

请你数一下橙色阴影部分有多少个方框呢？

对了，很简单，有 4 个方框！

那 1 个方框代表多少朵花呢？兰花的数量就是用 1 个方框表示的，是 4 朵！

那这样，4 个方框代表多少朵花呢？

这就很简单了对不对？多出来的花的数量是 4 朵兰花的 4 倍，我们可以很轻松地列出算式：

$$4 \times 4 = 16（朵）$$

答：小红帽采的菊花比兰花多了 16 朵。

这里面有一个规律，如果菊花是兰花的 5 倍，那么菊花比兰花多出来的部分就是兰花的 4(5-1=4) 倍。

你看，在这里我们只用一步就得到了答案，而这个答案和我们用两步解答的方法计算出的答案是一模一样的！

答案虽然一样，但是过程却更简单了！

如果这时候再问你：

小红帽采的兰花和菊花一共有多少朵呢？

对于这个问题，我们一般会采用两步去解答：

① 列出算式算出菊花的数量：

$$4 \times 5 = 20（朵）$$

② 列出算式算出菊花和兰花的数量之和：

$$20 + 4 = 24（朵）$$

其实，用画图的方法来解答会更简单，我们先来画图：

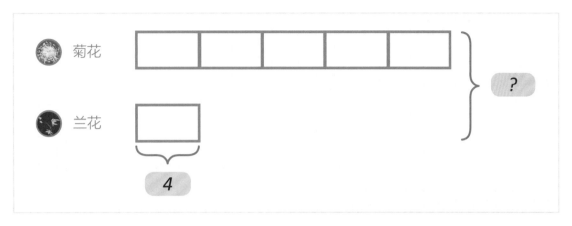

已知量和未知量分别是什么?

想一想吧!

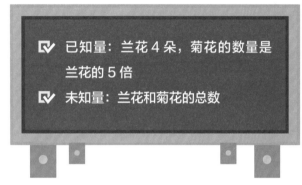

☑ 已知量: 兰花 4 朵, 菊花的数量是
兰花的 5 倍

☑ 未知量: 兰花和菊花的总数

仔细看上面的图, 我们要计算的兰花和菊花的数量总和,
是不是就是图中所有的方框加起来代表的数字呢?

那请你数一下图上一共有多少个方框吧!

没错, 一共有 6 个方框!

那 1 个方框代表多少朵花呢?

是的, 还是 4 朵!

那这样, 6 个方框代表了多少朵花呢?

这就很简单了, 一共有 6 个方框, 每个方框代表 4 朵花, 那我们就可以很轻松地列出算式:

$$4 \times 6 = 24 (朵)$$

答: 小红帽采的兰花和菊花一共有 24 朵。

同样地, 这个答案和我们用两步解答的方法计算出来的答案是一样的!

答案虽然一样, 但是过程却更简单了!

4 再难一点点

小红帽来到一个小池塘旁，她看到一群小鸭子和小鹅在自由自在地游泳。

她数了数，发现小鸭子比小鹅多 9 只，而且小鸭子的数量是小鹅的 4 倍。

你知道池塘里有多少只小鹅吗？

这道题其实是上面那道题反过来问的，但是难度却大了很多。

是不是读完了题目却感觉不知道从哪里下手？

别急，我们还是先来画图。

小鹅的数量用 1 个方框表示，而小鸭子的数量是小鹅的 4 倍，所以就画 4 个方框来表示。

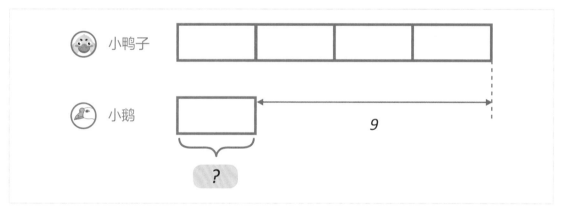

列出已知量，未知量：

☑ 已知量：小鸭子的数量比小鹅多 9 只，小鸭子的数量是小鹅的 4 倍

☑ 未知量：小鹅的数量

在这个图形里，我们把小鸭子比小鹅多出来的部分涂上橙色阴影。

我考你们一个问题啊：想一想，橙色阴影部分的方框代表的数量是多少只呢？

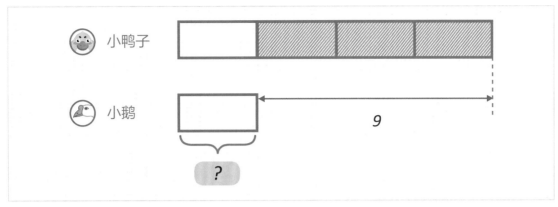

很显然，答案是 9 只。

那橙色阴影部分有多少个方框呢？

这也很容易数出来，是 3 个！

所以呢，3 个方框代表 9 只，我们是不是就可以算出来 1 个方框代表多少只啦？

于是，这又变成了一道简单的除法题，列出算式：

$$9 \div 3 = 3 （只）$$

就这样，1 个方框代表 3 只。

但是这道题目问的是：小鹅的数量是多少？

小鹅的数量是用多少个方框表示的啊？　1 个！

所以小鹅的数量是多少啊？　3 只！

答：池塘里有 3 只小鹅。

你看，就是这么简单。

 再来看第 2 道题目：

小红帽经过了一个小山坡，一群小牛和小羊在山坡上吃草。

它们加起来一共有 24 头。

小羊的数量是小牛的 5 倍。

你知道山坡上有多少头小牛吗？

你是不是又不知道从哪里下手啦？

别急，我们还是来画图：

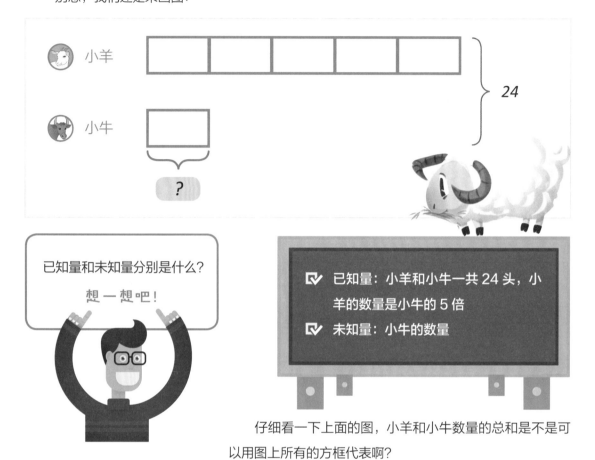

已知量和未知量分别是什么？

想一想吧！

☑ 已知量：小羊和小牛一共 24 头，小羊的数量是小牛的 5 倍

☑ 未知量：小牛的数量

仔细看一下上面的图，小羊和小牛数量的总和是不是可以用图上所有的方框代表啊？

那请你数一下图中一共有多少个方框呢？

上面小羊的是 5 个方框，下面小牛的是 1 个方框，一共 6 个方框！

6 个方框代表多少头呢？很简单，题目已经告诉你了，是 24 头！

那 1 个方框代表多少头呢？这就可以用除法来计算，列出算式：

$$24 \div 6 = 4（头）$$

所以，一个方框代表 4 头。

但这道题目问的是：小牛的数量是多少？

小牛的数量用多少个方框代表啊？1 个！

所以小牛的数量是多少啊？4 头！

答：山坡上有 4 头小牛。

你看，就是这么简单。

看到这里，你是不是开始感受到用画图方法解题的巧妙之处了呢？

很多不知道如何下手的题目，通过画图就可以化繁为简，让人一目了然！

所以，你也要养成画图的习惯哟！

思维训练

1. 妈妈买回来 6 个苹果和一些梨子，梨子的数量是苹果的 5 倍，请问妈妈买了多少个梨子？

① 为这道题写出已知量和未知量：

☑ 已知量：

☑ 未知量：

② 使用 "比较" 方法为这道题画图：

③ 根据图列出算式：

答：

妈妈买了 _____ 个梨子。

2. 妈妈买回来 30 个梨子和一些苹果，梨子的数量是苹果的 5 倍，请问妈妈买了多少个苹果？

① 为这道题写出已知量和未知量：

☑ 已知量：

☑ 未知量：

② 使用"比较"方法为这道题画图：

③ 根据图列出算式：

 答：

妈妈买了 _____ 个苹果。

3. 妈妈买回来 30 个梨子和 6 个苹果，请问梨子的数量是苹果的多少倍？

① 为这道题写出已知量和未知量：

☑ 已知量：

☑ 未知量：

② 使用"比较"方法为这道题画图：

③ 根据图列出算式：

 答：

梨子的数量是苹果的 _____ 倍。

☆ 4. 仔细观察下面的图：

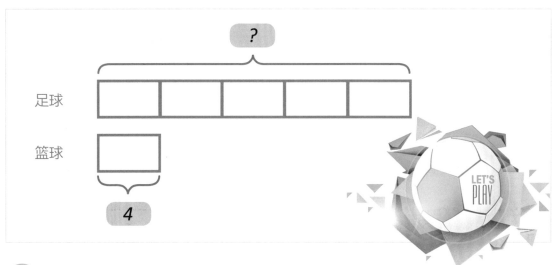

① 请设计一道应用题，写在下面的方框内，也可以讲给爸爸妈妈听，看看他们能做出来吗？

② 为这道题写出已知量和未知量：

☑ 已知量：

☑ 未知量：

③ 根据图列出算式：

  答：

_____

☆ 5. 仔细观察下面的图:

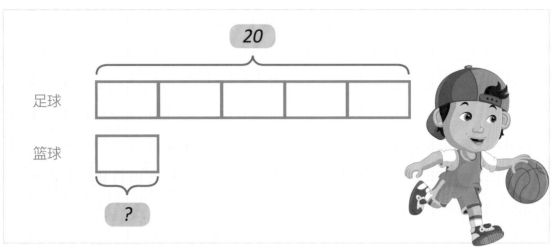

① 请设计一道应用题,写在下面的方框内,也可以讲给爸爸妈妈听,看看他们能做出来吗?

② 为这道题写出已知量和未知量:

☑ 已知量:

☑ 未知量:

③ 根据图列出算式:

 答:

_____

☆ 6. 仔细观察下面的图：

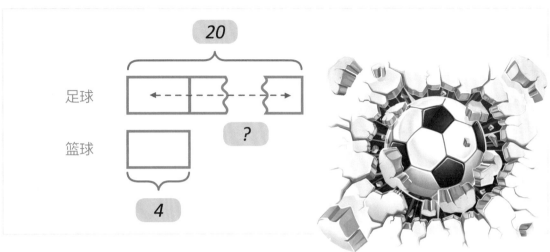

① 请设计一道应用题，写在下面的方框内，也可以讲给爸爸妈妈听，看看他们能做出来吗？

② 为这道题写出已知量和未知量：

　　☑ 已知量：

　　☑ 未知量：

③ 根据图列出算式：

　　答：

☆ 7. 小安吃了 6 颗草莓，小可吃的草莓数量是小安的 3 倍，请问小可 比小安多吃了多少颗草莓？

① 为这道题写出已知量和未知量：

☑ 已知量：

☑ 未知量：

② 使用 "比较" 方法为这道题画图：

③ 根据图列出算式：

 答：

小可比小安多吃了 _____ 颗草莓。

☆ 8. 小安吃了 6 颗草莓，小可吃的草莓数量是小安的 3 倍，请问小可和小安一共吃了多少颗草莓？

1 为这道题写出已知量和未知量：

☑ 已知量：

☑ 未知量：

2 使用"比较"方法为这道题画图：

3 根据图列出算式：

 答：

小可和小安一共吃了 _____ 颗草莓。

☆ 9. 仔细观察下面的图：

小汽车

大巴车

7

?

① 请设计一道应用题，写在下面的方框内，也可以讲给爸爸妈妈听，看看他们能做出来吗？

② 为这道题写出已知量和未知量：

　✓　已知量：

　✓　未知量：

③ 根据图列出算式：

　　答：

☆ 10. 仔细观察下面的图：

小汽车

大巴车

?

7

① 请设计一道应用题，写在下面的方框内，也可以讲给爸爸妈妈听，看看他们能做出来吗？

② 为这道题写出已知量和未知量：

　　☑ 已知量：

　　☑ 未知量：

③ 根据图列出算式：

 答：

☆ 11. 小美和小冰去超市买东西，小美比小冰多带了 24 元钱，小美带的钱是小冰的 4 倍，请问小冰带了多少元钱？

① 为这道题写出已知量和未知量：

☑ 已知量：

☑ 未知量：

② 使用"比较"方法为这道题画图：

③ 根据图列出算式：

答：

小冰带了 _____ 元钱。

☆ 12. 小美和小冰去超市买东西，小美和小冰一共带了 40 元钱，小美带的钱是小冰的 4 倍，请问小冰带了多少元钱？

① 为这道题写出已知量和未知量：

   ☑ 已知量：

   ☑ 未知量：

② 使用"比较"方法为这道题画图：

③ 根据图列出算式：

答：

小冰带了 _____ 元钱。

☆☆ 13. 小美和小冰去超市买东西，小美比小冰多带了 24 元钱，小美带的钱是小冰的 4 倍，请问小美带了多少元钱？

① 为这道题写出已知量和未知量：

☑️ 已知量：

☑️ 未知量：

② 使用 "比较" 方法为这道题画图：

③ 根据图列出算式：

 答：

小美带了 _____ 元钱。

☆ 14. 小美和小冰去超市买东西，小美和小冰一共带了 40 元钱，小美带的钱是小冰的 4 倍，请问小美带了多少元钱？

① 为这道题写出已知量和未知量：

☑ 已知量：

☑ 未知量：

② 使用"比较"方法为这道题画图：

③ 根据图列出算式：

 答：

小美带了 _____ 元钱。

☆ 15. 仔细观察下面的图:

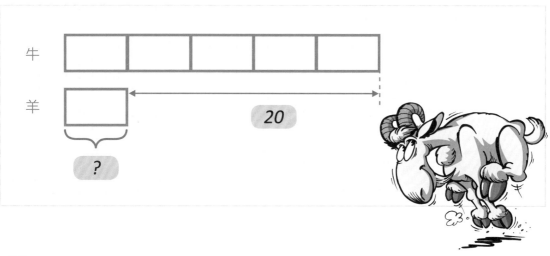

① 请设计一道应用题,写在下面的方框内,也可以讲给爸爸妈妈听,看看他们能做出来吗?

② 为这道题写出已知量和未知量:

ᘉ 已知量:

ᘉ 未知量:

③ 根据图列出算式:

答:

☆ 16. 仔细观察下面的图：

牛

羊

30

?

① 请设计一道应用题，写在下面的方框内，也可以讲给爸爸妈妈听，看看他们能做出来吗？

② 为这道题写出已知量和未知量：

　☑　已知量：

　☑　未知量：

③ 根据图列出算式：

　答：

☆ 17. 学校举办运动会，一班有 6 名同学参加跑步比赛，二班参加跑步比赛的同学是一班的 4 倍，三班参加跑步比赛的同学是一班的 2 倍，请问 3 个班一共有多少名同学参加跑步比赛？请用 "比较" 画图方法解答。

☆☆ 18. 学校举办运动会，二班参加跑步比赛的同学人数是一班的 2 倍，三班参加跑步比赛的同学人数是二班的 2 倍，三班比一班参加跑步比赛的人多 9 人，请问一班有多少名同学参加跑步比赛？请用 "比较" 画图方法解答。

☆☆19. 学校举办运动会，二班参加跑步比赛的同学人数是一班的2倍，三班参加跑步比赛的同学人数是二班的2倍，一班比三班参加跑步比赛的人少9人，请问3个班一共有多少名同学参加跑步比赛？请用"比较"画图方法解答。

☆20. 学校举办运动会，二班参加跑步比赛的同学人数是一班的2倍，三班参加跑步比赛的同学人数是二班的2倍，3个班一共有28名同学参加跑步比赛，请问一班有多少名同学参加跑步比赛？请用"比较"画图方法解答。

英语小拓展

对于乘法和除法应用题来说，同样需要抓住题目中的关键词。中文题目的关键词好找，但英文题目的关键词该怎么抓呢？

这里有一份关于 "比较" 画图方法的关键词中英文对照表。

☑ 比较：*comparison*

☑ 乘法：*multiplication*

☑ 除法：*division*

☑ 乘以：*multiplied by*

☑ 除以：*divided by*

☑ 倍：*times*

☑ 多少倍：*...time (s) as many*

☑ 等于：*equal*

☑ 一共：*all together, altogether, total*

☑ 分享：*share*

☑ 两倍：*twice*

☑ 三倍：*thrice*

Please solve the following word problems.

Word Problem 1：

Alice has 3 apples. Mary has 3 times as many apples as Alice. How many apples does Mary have?

Word Problem 2:

Jack has 9 more pencils than Tom, and Jack has 4 times as many pencils as Tom. How many pencils does Tom have?

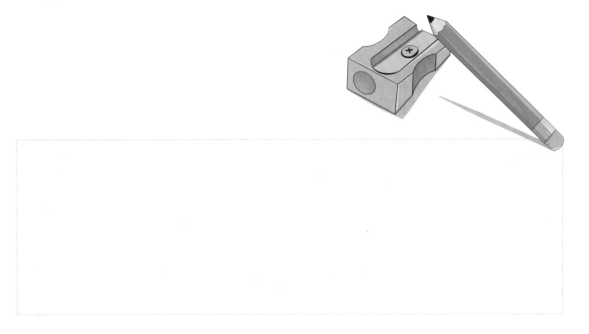

第 3 章

STEAM 项目

微生物的繁殖

背景知识

小朋友，你们知道吗？在这个世界上，除了我们人类和各种各样的动物、植物之外，还有无数很小很小的、肉眼看不见的生物。

那就是微生物！

微生物是难以用肉眼直接看到的微小生物的总称，细菌、真菌、病毒等都是微生物。我们需要借助显微镜才能观察和研究它们。

如果你用显微镜观察就会发现，在这个肉眼"看不见"的世界里，有着数不清的"成员"。

一群放大 10,000 倍的大肠杆菌

2 什么是细菌？

细菌是微生物的一种。

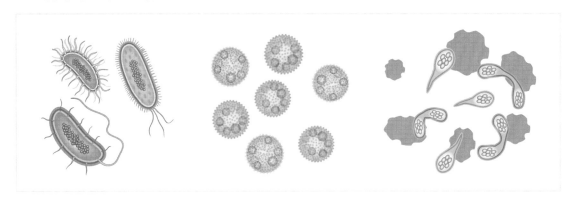

地球上到处都有细菌，天空、土壤、岩石、水流，甚至家里到处都是细菌。假如我们从池塘里舀一勺水，里面可能就藏着数百万个细菌呢！一双没有洗过的手，上面就可能有多达 80 万个细菌。

细菌对人类有危害吗？

其实啊，大多数的细菌对人类是无害的，甚至还有帮助，比如在制作药物、培育农作物、清洁水源等方面，都有细菌参与其中。

但是有些细菌却会对人类造成巨大的伤害。比如在 1854 年英国伦敦爆发的霍乱，造成了很多人死亡，那就是细菌惹的祸。

细菌的繁殖速度很快，而且它可以自我繁殖。1个细菌长大后就会分裂，分裂成2个一模一样的新细菌，这2个新细菌也会继续长大，然后再分裂成4个……1到2，2到4，4到8，就这样不断地增殖下去！

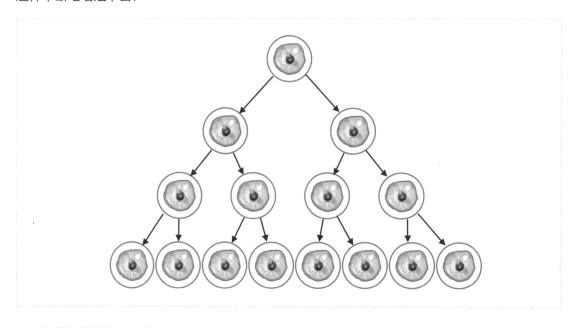

　　细菌的繁殖能力有多强大呢？我们以大肠杆菌为例来计算一下。

　　大肠杆菌是细菌的一种，它大约能够在20分钟内分裂1次，变成2个细菌，然后这2个细菌再过20分钟又会分裂1次，变成4个细菌。

问题1

大肠杆菌在上午 7:20 的时候分裂了第 1 次，在上午 7:40 的时候分裂了第 2 次，那么在上午 8:20 的时候，它会发生第几次分裂呢？

☆ 问题 2
如果过了一天的时间，大肠杆菌一共发生了多少次分裂呢？

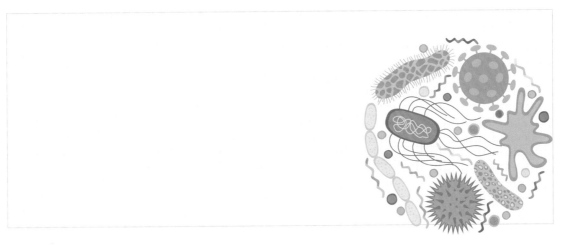

按照上面的计算数据，1 个大肠杆菌 20 分钟分裂 1 次，1 小时能分裂 3 次，而 1 天就能分裂 72 次，这样大约可以产生 4,722,366,482 万亿个细菌。

1 个细菌仅仅过了 1 天就能变成约 4,722,366,482 万亿个细菌，这个速度真是太惊人了！

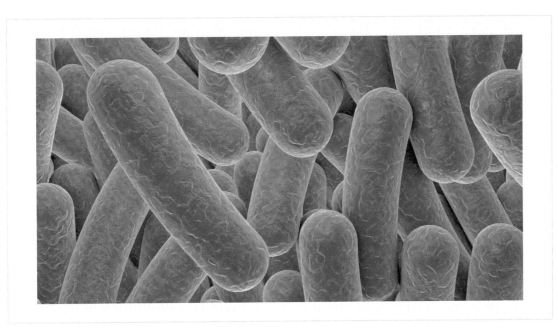

让我们来做个小练习感受一下吧！

问题 3

64 个大肠杆菌，在 20 分钟后，会变成多少个大肠杆菌呢？

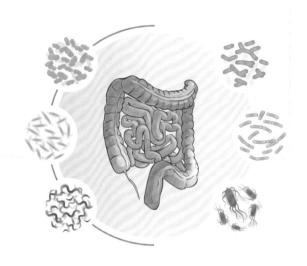

问题 4

1 个大肠杆菌，过了 1 小时后，会变成多少个大肠杆菌呢？

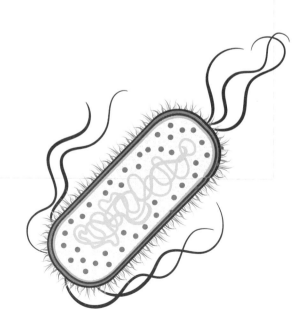

☆☆问题 5

上午 9:00 的时候，科学家观察到了 1 个大肠杆菌，等到了上午 11:00 的时候再去观察，这时候科学家能观察到多少个大肠杆菌呢？

☆问题 6

原本只有 1 个大肠杆菌，科学家过了一段时间再去观察时，发现可以观察到 16 个大肠杆菌，请问科学家至少是过了多长时间再去观察的呢？

☆☆问题 7

上午 11:20 的时候，科学家观察到有 2 个刚分裂的大肠杆菌，等过了一段时间再去观察，发现已经有了 64 个大肠杆菌，请问现在大概是几点呢？

问题 8

现在有 16 个大肠杆菌准备再次分裂，你知道它们在 20 分钟之前是由多少个大肠杆菌分裂而成的吗？

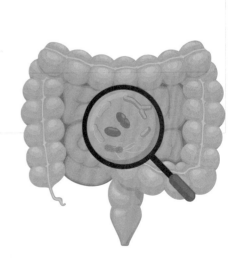

☆ 问题 9

现在有 64 个大肠杆菌准备再次分裂，你知道它们在 40 分钟之前是由多少个大肠杆菌分裂而成的吗？

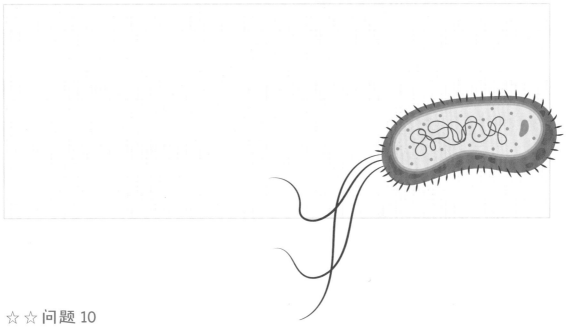

☆ ☆ 问题 10

上午 11:00 的时候，科学家观察到 256 个刚分裂完的大肠杆菌，你知道在上午 10:00 的时候有多少个大肠杆菌吗？

什么是病毒？

病毒也是微生物的一种。

病毒和细菌可不一样，它比细菌小得多，而且没法仅靠自身去繁殖。

可是病毒想繁殖怎么办呢？它会吸附在一个正常细胞上，将自身遗传物质（DNA 或 RNA）注入细胞中进行复制，这个过程会对正常细胞进行破坏，因此病毒往往是有害的。

病毒会引起很多人类疾病，常见症状有腹泻、发热、咳嗽等，而且它会传播。有的病毒传播性非常强，能通过飞沫、血液，或受到污染的食物和饮用水等传播。

我们看一下上一页最下面那张图中病毒的传播过程：

① A 感染了一种由飞沫传染的病毒，A 用手擦鼻涕，于是病毒附着在 A 的手上；

② A 和 B 握手，此时病毒就沾到了 B 的手上；

③ B 没有洗手就用手拿苹果吃，这样病毒就进入了 B 的体内，B 也带上了病毒；

④ 如果 B 没有洗手就用手开门，也会在门把手上留下病毒；

⑤ 紧接着，C 也去开门，病毒于是沾到 C 的手上，C 就也有可能会生病；

⑥ 病毒就是这样一个接一个地传播的。

你可能还不知道病毒传播的危害，那么接下来我们来看一个案例，看看病毒传播的速度究竟是怎样的！

小王在一家公司工作，有一天早上他起床后，突然感觉身体有点不舒服，但是没在意，仍然坚持去公司上班。但是到中午后就觉得病情有点加重了，于是他去了医院，后来他被诊断出患上了病毒性流行感冒。

病毒性流行感冒的传染性很强，我们看看病毒是怎么传播的吧！

☆ 问题 11

早上 9 点，小王用手擦鼻涕后没有洗手，在办公室与 2 个人握手，而这 2 个人又分别与其他 5 个人握手，请问此时最多有多少个人可能也被病毒感染呢？

☆ 问题 12

早上 10 点，小王去会议室参加了一个 10 人会议，会议中小王打了几个喷嚏。散会后，除了小王，其余人都回了办公室。每人都在不同的办公室，每个办公室除了自己之外还坐了另外 6 个人。请问此时最多可能有多少个人会被病毒感染？

☆☆问题 13

中午 12 点，小王和 6 个同事在同一张桌子上吃饭。吃饭时，小王与同事边吃边聊天谈笑。吃完饭后，小王觉得身体很不舒服，于是请假去医院。他搭乘电梯下楼，在电梯中小王咳嗽了几次，电梯里同时有另外 3 个人。下楼后小王打了一辆出租车，在出租车上小王也咳嗽了几次，这辆出租车在送完他后又接送了 15 名乘客。

请问此时最多可能有多少个人会被病毒感染（包括司机）？

问题 14

最终小王被确诊感染上了病毒性流行感冒。

那么自从他早上 9 点开始上班，直到中午去医院，请问这半天一共有多少个人可能被病毒感染呢？

你看，一个感染了流感病毒的人仅仅在半天时间就有可能传染这么多人，因此病毒的危害真的很大。

所以，小朋友们，你们一定要勤洗手，注意清洁，养成良好的卫生习惯哟！另外，如果身体不舒服的话，也请待在家中并及时预约看医生，这样才能减少病毒的传播！

参考答案

第1章

思维训练

1

注意，6位小朋友加上小星自己，一共有7位小朋友。

（1）已知量：7位小朋友，每人4块巧克力

　　　未知量：巧克力总数

（2）

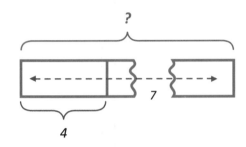

（3）4 × 7 = 28（块）

（4）答：小星需要买28块巧克力。

2

（1）已知量：28块巧克力，每人分4块

　　　未知量：被邀请到家里玩的小朋友人数

（2）

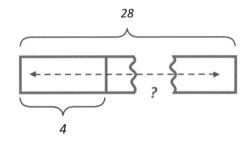

（3）28 ÷ 4 = 7（位）

（4）答：小星邀请了7位小朋友。

3

（1）已知量：28块巧克力，平均分给7位小朋友

　　　未知量：每人分到的块数

（2）

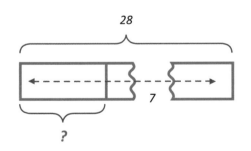

（3）28 ÷ 7 = 4（块）

（4）答：每位小朋友能分到4块巧克力。

4

（1）无标准答案，例子仅供参考：

　　小明买了4盒铅笔，每盒5支。请问小明一共买了多少支铅笔？

（2）已知量：4盒铅笔，每盒5支

　　　未知量：铅笔总数

（3）5 × 4 = 20（支）

（4）答：小明一共买了20支铅笔。

5

（1）无标准答案，例子仅供参考：
　　小明买了 4 盒一样的铅笔，一共 20 支。请
　　问每盒有多少支铅笔？
（2）已知量：4 盒铅笔，一共 20 支
　　未知量：每盒有多少支铅笔
（3）20 ÷ 4 = 5（支）
（4）答：每盒有 5 支铅笔。

6

（1）无标准答案，例子仅供参考：
　　小明买了 20 支铅笔，每盒 5 支。请问小明
　　一共买了多少盒铅笔？
（2）已知量：每盒铅笔 5 支，一共 20 支
　　未知量：铅笔盒数
（3）20 ÷ 5 = 4（盒）
（4）答：小明一共买了 4 盒铅笔。

7

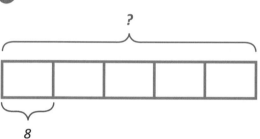

8 × 5 = 40（元）
答：小舟一共花了 40 元钱。

8

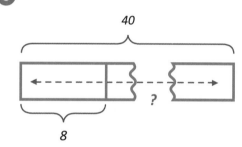

40 ÷ 8 = 5（瓶）
答：小舟一共可以买 5 瓶。

9

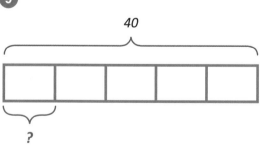

40 ÷ 5 = 8（元）
答：每瓶牛奶的价格是 8 元。

10

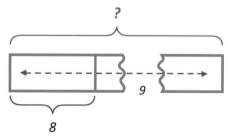

8 × 9 = 72（棵）
答：一共有 72 棵苹果树。

⑪

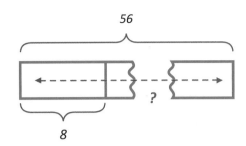

56 ÷ 8 = 7（行）
答：一共有 7 行。

⑫

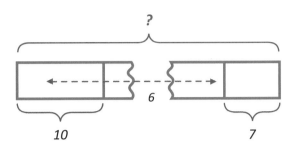

10 × 6 = 60（瓶）
60 + 7 = 67（瓶）
答：今天一共卖了 67 瓶苏打水。

⑬
先计算 7 箱苏打水有多少瓶：

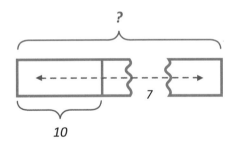

10 × 7 = 70（瓶）

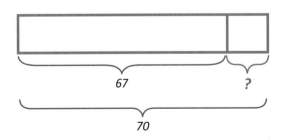

70 − 67 = 3（瓶）
答：还剩下 3 瓶。

⑭
先计算 7 箱苏打水有多少瓶：

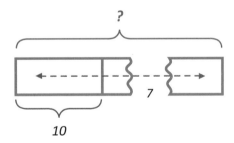

10 × 7 = 70（瓶）
70 < 80
答：超市里的苏打水不够。

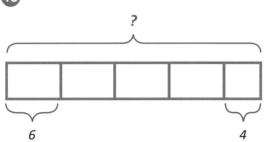

6 × 4 = 24（辆）

24 + 4 = 28（辆）

答：小松有 28 辆玩具车。

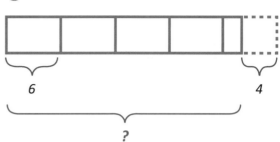

6 × 5 = 30（辆）

30 − 4 = 26（辆）

答：小松有 26 辆玩具车。

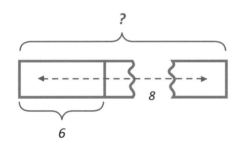

一箱铅笔的数量：

6 × 8 = 48（支）

5 箱铅笔的数量：

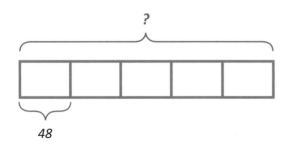

48 × 5 = 240（支）

答：一共生产了 240 支铅笔。

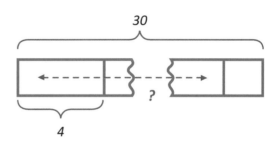

30 ÷ 4 = 7（盒）······2（个）

答：最多可以打包成 7 盒。

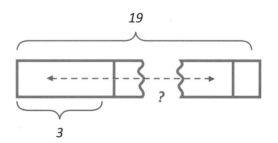

19 ÷ 3 = 6（辆）······1（人）

注意：多出来 1 名同学，需要一辆车

6 + 1 = 7（辆）

答：一共需要 7 辆小汽车。

⑳

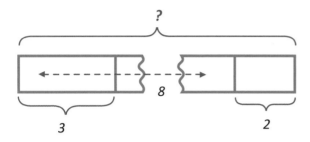

3 × 8 = 24（名）

24 + 2 = 26（名）

答：一共有 26 名同学去看电影。

英语小拓展

①

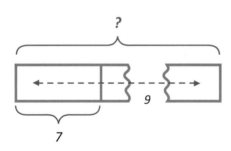

7 × 9 = 63

There are 63 cars altogether.

②

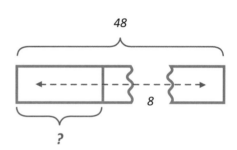

48 ÷ 8 = 6

Each child receives 6 pieces of apple.

第 2 章

思维训练

1

（1）已知量：6 个苹果，梨子是苹果的 5 倍

未知量：梨子的数量

（2）

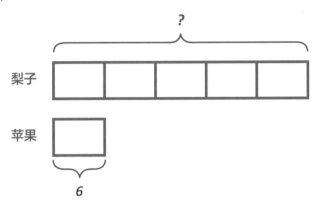

（3）6 × 5 = 30（个）

（4）答：妈妈买了 30 个梨子。

2

（1）已知量：30 个梨子，梨子是苹果的 5 倍

未知量：苹果的数量

（2）

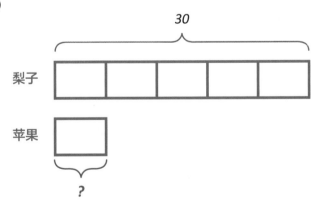

（3）30 ÷ 5 = 6（个）

（4）答：妈妈买了 6 个苹果。

❸

（1）已知量：30 个梨子，6 个苹果

未知量：梨子的数量是苹果的几倍

（2）

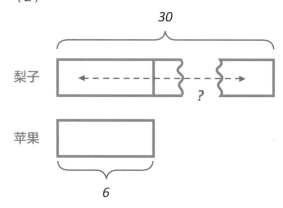

（3）30 ÷ 6 = 5

（4）答：梨子的数量是苹果的 5 倍。

❹

（1）无标准答案，例子仅供参考：

体育课上，老师拿来 4 个篮球和一些足球，足球的数量是篮球的 5 倍。请问老师拿来多少个足球？

（2）已知量：篮球 4 个，足球是篮球的 5 倍

未知量：足球的数量

（3）4 × 5 = 20（个）

（4）答：老师拿来 20 个足球。

❺

（1）无标准答案，例子仅供参考：

体育课上，老师拿来 20 个足球和一些篮球，足球的数量是篮球的 5 倍。请问老师拿来多少个篮球？

（2）已知量：足球 20 个，足球是篮球的 5 倍

未知量：篮球的数量

（3）20 ÷ 5 = 4（个）

（4）答：老师拿来 4 个篮球。

❻

（1）无标准答案，例子仅供参考：

体育课上，老师拿来 20 个足球和 4 个篮球。请问足球的数量是篮球的多少倍？

（2）已知量：足球 20 个，篮球 4 个

未知量：足球的数量是篮球的倍数

（3）20 ÷ 4 = 5

（4）答：足球的数量是篮球的 5 倍。

❼

（1）已知量：小安吃了 6 颗草莓，小可吃的数量是小安的 3 倍

未知量：小可比小安多吃的草莓颗数

（2）

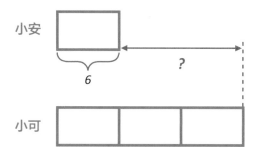

（3）6 × 2 = 12（颗）

（4）答：小可比小安多吃了 12 颗草莓。

8

（1）已知量：小安吃了 6 颗草莓，小可吃的数量是小安的 3 倍

未知量：小可和小安一共吃的草莓颗数

（2）

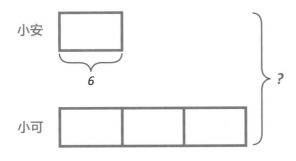

（3）6 × 4 = 24（颗）

（4）答：小可和小安一共吃了 24 颗草莓。

9

（1）无标准答案，例子仅供参考：

停车场里停了 7 辆大巴车和一些小汽车，小汽车的数量是大巴车的 6 倍。请问小汽车比大巴车多几辆？

（2）已知量：大巴车 7 辆，小汽车的数量是大巴车的 6 倍

未知量：小汽车比大巴车多的数量

（3）7 × 5 = 35（辆）

（4）答：小汽车比大巴车多 35 辆。

10

（1）无标准答案，例子仅供参考：

停车场里停了 7 辆大巴车和一些小汽车，小汽车的数量是大巴车的 6 倍。请问小汽车和大巴车一共有多少辆？

（2）已知量：大巴车 7 辆，小汽车的数量是大巴车的 6 倍

未知量：小汽车和大巴车的总数量

（3）7 × 7 = 49（辆）

（4）答：小汽车和大巴车一共有 49 辆。

11

（1）已知量：小美比小冰多带了 24 元钱，小美带的钱是小冰的 4 倍

未知量：小冰带了多少元钱

（2）

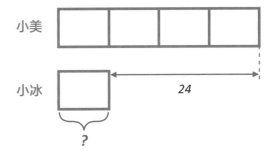

（3）24 ÷ 3 = 8（元）

（4）答：小冰带了 8 元钱。

12

（1）已知量：小美和小冰一共带了 40 元钱，小美带的钱是小冰的 4 倍

  未知量：小冰带了多少元钱

（2）

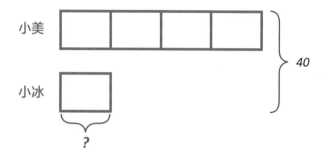

（3）40 ÷ 5 = 8（元）

（4）答：小冰带了 8 元钱。

13

（1）已知量：小美比小冰多带了 24 元钱，小美带的钱是小冰的 4 倍

  未知量：小美带了多少元钱

（2）

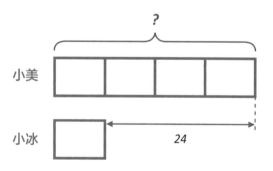

（3）24 ÷ 3 = 8（元）

  8 × 4 = 32（元）

（4）答：小美带了 32 元钱。

14

（1）已知量：小美和小冰一共带了 40 元钱，小美带的钱是小冰的 4 倍

  未知量：小美带了多少元钱

（2）

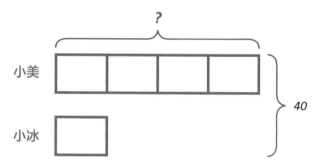

（3）40 ÷ 5 = 8（元）

  8 × 4 = 32（元）

（4）答：小美带了 32 元钱。

15

（1）无标准答案，例子仅供参考：

农场里牛的数量是羊的 5 倍，牛比羊多 20 头。请问农场里有多少头羊？

（2）已知量：牛是羊的 5 倍，牛比羊多 20 头

未知量：羊的数量

（3）20 ÷ 4 = 5（头）

（4）答：农场里有 5 头羊。

16

（1）无标准答案，例子仅供参考：

农场里牛的数量是羊的 5 倍，牛和羊一共 30 头。请问农场里有多少头羊？

（2）已知量：牛是羊的 5 倍，牛和羊一共 30 头

未知量：羊的数量

（3）30 ÷ 6 = 5（头）

（4）答：农场里有 5 头羊。

17

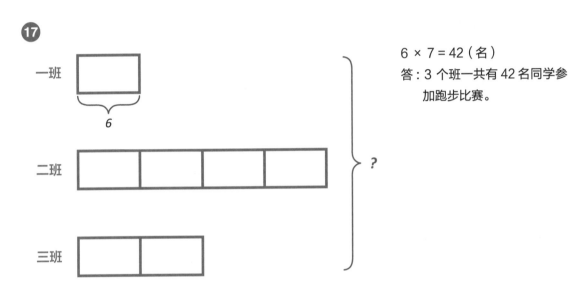

6 × 7 = 42（名）

答：3 个班一共有 42 名同学参加跑步比赛。

18

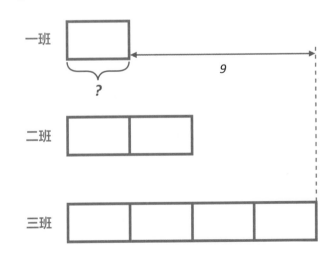

9 ÷ 3 = 3（名）

答：一班有 3 名同学参加跑步比赛。

⑲

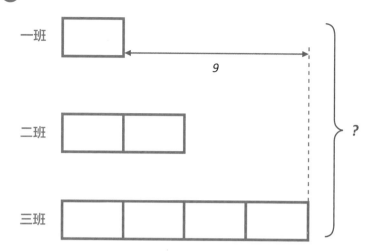

9 ÷ 3 = 3（名）

3 × 7 = 21（名）

答：3 个班一共有 21 名同学参加跑步比赛。

⑳

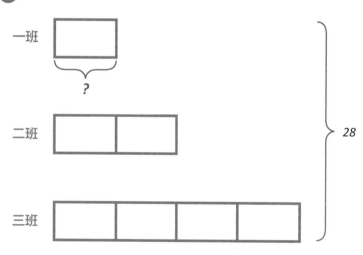

28 ÷ 7 = 4（名）

答：一班有 4 名同学参加跑步比赛。

英语小拓展

1

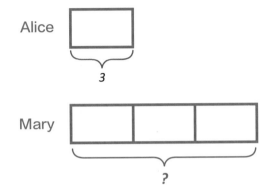

$3 \times 3 = 9$

Mary has 9 apples.

2

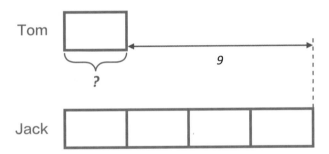

$9 \div 3 = 3$

Tom has 3 pencils.

第 3 章

1

第 4 次

3

64 × 2 = 128（个）

答：64 个大肠杆菌，在 20 分钟后，会变成 128
个大肠杆菌。

4

1 个小时会发生 3 次分裂

第 1 次分裂：1 × 2 = 2（个）

第 2 次分裂：2 × 2 = 4（个）

第 3 次分裂：4 × 2 = 8（个）

答：1 个大肠杆菌，过了 1 小时后，会变成 8 个
大肠杆菌。

5

9:00 到 11:00 经过了 2 小时，每小时 3 次分裂

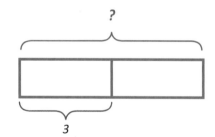

3 × 2 = 6（次）

第 1 次分裂：1 × 2 = 2（个）

第 2 次分裂：2 × 2 = 4（个）

第 3 次分裂：4 × 2 = 8（个）

第 4 次分裂：8 × 2 = 16（个）

第 5 次分裂：16 × 2 = 32（个）

第 6 次分裂：32 × 2 = 64（个）

答：这时候科学家能观察到 64 个大肠杆菌。

2

每小时分裂 3 次，一天 24 小时

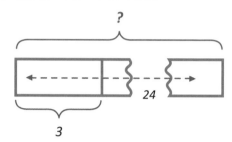

3 × 24 = 72（次）

答：过了一天时间，大肠杆菌一共发生了 72 次
分裂。

6

倒推法

16 个大肠杆菌在 20 分钟之前是由多少个变来的？

16 ÷ 2 = 8（个）

8 个大肠杆菌在 20 分钟之前是由多少个变来的？

8 ÷ 2 = 4（个）

4 个大肠杆菌在 20 分钟之前是由多少个变来的？

4 ÷ 2 = 2（个）

2 个大肠杆菌在 20 分钟之前是由多少个变来的？

2 ÷ 2 = 1（个）

所以，一共经过了 4 个 20 分钟

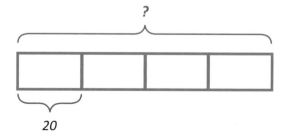

20 × 4 = 80（分钟）

答：科学家至少是过了 80 分钟再去观察的。

7

计算 2 个大肠杆菌在经过多久之后变成了 64 个。

第 1 次分裂：2 × 2 = 4（个）

第 2 次分裂：4 × 2 = 8（个）

第 3 次分裂：8 × 2= 16（个）

第 4 次分裂：16 × 2 = 32（个）

第 5 次分裂：32 × 2 = 64（个）

5 次分裂一共需要多长时间：

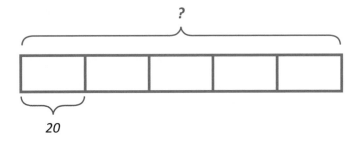

20 × 5 = 100（分钟）

所以从 11:20 开始算，经过了 100 分钟之后，是什么时间?

是 13:00。

答：现在大概是 13 点。

8

16 ÷ 2 = 8（个）

答：它们在 20 分钟之前是由 8 个大肠杆菌分裂
而成的。

9

倒推法

40 分钟等于 2 个 20 分钟。

第 1 个 20 分钟：64 个大肠杆菌在 20 分钟之前
是由多少个变来的?

64 ÷ 2 = 32（个）

第 2 个 20 分钟：32 个大肠杆菌在 20 分钟之前
是由多少个变来的?

32 ÷ 2 = 16（个）

答：它们在 40 分钟之前是由 16 个大肠杆菌分裂
而成的。

10

倒推法

11 点倒推到 10 点，也就是 1 小时之前，大肠杆
菌 20 分钟分裂一次，因此 1 小时经过了 3 次分裂。

第 1 个 20 分钟：256 个大肠杆菌在 20 分钟之
前是由多少个变来的?

256 ÷ 2 = 128（个）

第 2 个 20 分钟：128 个大肠杆菌在 20 分钟之
前是由多少个变来的?

128 ÷ 2 = 64（个）

第 3 个 20 分钟：64 个大肠杆菌在 20 分钟之前
是由多少个变来的?

64 ÷ 2 = 32（个）

答：在上午 10:00 的时候有 32 个大肠杆菌。

⑪

2 × 5 = 10（个）

10 + 2 = 12（个）

答：此时最多可能有 12 个人也被病毒感染。

⑫

除了小王，参加会议的人数：

10 − 1 = 9（个）

每个人可能感染的办公室其他人：

9 × 6 = 54（个）

再加上这 9 个参加会议的人：

54 + 9 = 63（个）

答：此时最多可能有 63 个人会被病毒感染。

⑬

6 个同事和电梯里的 3 个人：

6 + 3 = 9（个）

加上出租车司机：

9 + 1 = 10（个）

再加上司机搭载的 15 名乘客：

10 + 15 = 25（个）

答：此时最多可能有 25 个人会被病毒感染。

⑭

12 + 63 + 25 = 100（个）

答：这半天一共有 100 个人可能被病毒感染。